Albert Dastre

La Stature de l'homme aux diverses époques

Questions scientifiques

ISBN : 978-1984050205

10 9 8 7 6 5 4 3 2 1

Albert Dastre

La Stature de l'homme aux diverses époques

Questions scientifiques

Table de Matières

Introduction

C'est une opinion vulgairement répandue et qui, même, flotte en-core comme une brume imprécise dans beaucoup d'esprits culti-vés, que les hommes actuels sont les fils dégénérés d'une race plus belle, plus grande et plus forte que celles d'aujourd'hui. La sève puissante qui alimentait ces grands corps de nos aïeux, se serait corrompue ou épuisée petit à petit, dans le cours des temps ; et des générations grêles, menues, faibles et nerveuses, auraient succédé aux générations plantureuses, sanguines, et exubérantes de jadis.

Sans pousser les choses à ce degré d'exagération, quelques esprits, plus positifs et plus scientifiques, n'en pensent pas moins que l'espèce humaine subit, au point de vue corporel, une sorte d'évolution fléchissante qui se traduit par la diminution progressive de la taille.

Sous des formes diverses et de plus en plus prudentes, ces idées ne sont autre chose que des déformations d'une ancienne superstition : la croyance aux géants.

Qu'est-ce qu'un géant ? existe-t-il, peut-il exister des races de géants ? en a-t-il existé ? Voilà des questions qui, de tout temps, ont excité un vif intérêt. L'imagination des peuples anciens a été nourrie d'histoires dont les géants étaient les héros, à moins que ce ne fussent les pygmées. Encore aujourd'hui, ce sont des contes de géants qui bercent notre enfance. La question de la réalité de leur existence intéresse la curiosité universelle. Aussi ne faut-il pas s'étonner qu'elle ait donné lieu entre savants à d'interminables discussions et fait couler des flots d'une encre vaine.

De tous ces écrits, de ces innombrables gigantomachies, gigantologies et antigigantologies, rien ne reste et n'était digne de rester. Les écrits récents valent mieux. Le problème se présente à nous aujourd'hui d'une manière plus utile qu'il ne faisait devant nos prédécesseurs. Nous sommes mieux documentés qu'eux. Nous sommes en mesure de savoir si la taille de l'homme a varié aux diverses époques préhistoriques et historiques ; s'il a existé des groupes, des agglomérations de colosses humains méritant le nom de races de géants ; et, puisqu'il est incontestable que des individus d'une taille démesurée apparaissent de temps à autre, individus que nous qualifions de géants, il a bien fallu en entreprendre l'étude systématique. Les fruits en ont été précieux. On commence à pénétrer la signification et les raisons d'être de ces productions monstrueuses. Enfin nous savons pourquoi ces individus colossaux ne peuvent créer et perpétuer des êtres semblables à eux-mêmes.

Ces questions intéressent deux sciences différentes, l'anthropologie, d'une part, la médecine, de l'autre. Les progrès de nos connaissances viennent de ces deux sources. Nous ne voudrions, aujourd'hui, parler que de l'une d'elles. Nous voudrions entretenir nos lecteurs de ce que l'anthropologie contemporaine a apporté de lumières sur ces problèmes. La part de la médecine viendra plus tard. Son heureuse intervention dans l'explication des causes du gigantisme forme un sujet assez bien défini et délimité pour pouvoir, sans inconvénient, être examiné à part. Nous n'en dirons ici qu'un mot.

Les anthropologistes ont appliqué la règle et le compas à l'examen de l'homme primitif. Ils ont métré, en totalité et en détail, les restes de l'ancêtre humain qui vivait aux époques géologiques, de l'humble tailleur de pierres de l'époque quaternaire ou de l'aurore de la période actuelle. L'imagination populaire l'avait démesurément grandi ; ils l'ont fait passer sous la toise et lui ont trouvé une stature non pas gigantesque, mais médiocre. Les anthropologistes ont encore examiné les générations qui se sont succédé depuis les commencements de la période historique ; ils en ont exhumé les ossements, ils les ont mesurés, et ils ont constaté que la taille moyenne ne montre aucune tendance à diminuer. Ils ont réussi, en un mot, par l'usage de procédés rigoureux de mensuration, à mettre en évidence une vérité que déjà Jean Riolan s'efforçait d'établir au commencement du XVIIe siècle, et qu'il exprimait si clairement dans le titre d'un de ses écrits, publié en 1618 : « *Discours sur la grandeur des géants*, où il est démontré que, de toute ancienneté, les plus grands hommes et les géants n'ont été plus hauts que ceux de ce temps. »

Mais, nous le répétons, ce n'est pas seulement de l'anthropologie, c'est de la médecine que nous sont venues les dernières lumières sur la question du gigantisme. La médecine réclame les géants du temps présent, les rares exemplaires qui s'en rencontrent de temps à autre, comme ressortissant à son domaine. Les géants sont des hommes dont le développement, au lieu de suivre une voie régulière, a subi une déviation morbide et dont la nutrition est pervertie : ce sont des dystrophiques. Leur haute stature n'est qu'un stigmate de déchéance, un symptôme de leur infériorité dans la lutte pour la vie. Ils ne sortent pas seulement des conditions ordinaires du développement, — c'est-à-dire qu'ils sont des « monstres infantiles » que réclame la tératologie, — mais ils sortent des conditions physiologiques et normales de la santé, — c'est-à-dire qu'ils sont des malades, qui relèvent de la pathologie. « Voici donc, comme a pu l'écrire E. Brissaud, les géants dépouillés de leur antique et fabuleux prestige. La mythologie cède la place à la pathologie ! » Telle est, dans sa forme la plus catégorique ou la plus expressive, la doctrine nouvelle. Nous aurons quelque jour l'occasion de l'examiner.

Section I

L'imagination de tous les peuples de l'antiquité a été hantée par la vision chimérique d'une espèce de *surhomme*, c'est-à-dire d'une sorte d'être parfaitement constitué comme l'homme ordinaire, mais plus grand et plus fort. Ces êtres de proportions parfaites, mais de taille colossale, c'étaient les géants. L'opinion populaire s'est toujours montrée fermement attachée à cette croyance. Elle a été si générale et si enracinée, qu'il a fallu se demander si elle n'avait pas quelque fondement dans la réalité observée. *A priori*, on était tenté d'y voir le souvenir, amplifié par la tradition, d'une race colossale ayant réellement existé. On retrouve en effet, dans toutes les mythologies, des légendes de géants. La mythologie grecque nous représente ces colosses, fils de la Terre, soutenant des luttes formidables contre les dieux habitants du Ciel. Le détail de ces combats est présenté de mille manières : c'est tantôt une armée de géants qui se range en bataille sous la conduite d'Alcyonée et de Porphyrion, et qui attend le choc des habitants de l'Olympe aidés par le héros Hercule. D'autres fois ce sont Otus et Ephialtes qui entassent les montagnes pour escalader le ciel, et qui lancent contre lui des roches enflammées ; mais la lutte qui renaît sans cesse finit toujours par le triomphe du maître des dieux ; et les géants, voués à une défaite inévitable, sont foudroyés par Jupiter, écrasés sous les roues de son char et finalement précipités dans le Tartare.

Les historiens et les critiques, qui veulent que toutes les légendes mythologiques aient une signification symbolique et naturelle à la fois, sont à l'aise pour expliquer celle-ci. Ils y retrouvent une image et une personnification des forces souterraines en révolte contre les lois naturelles, — les Grecs disaient divines, — qui exigent et maintiennent la solidité et la fixité du sol. Ces forces irrégulières et tumultueuses, éruptions volcaniques, tremblements de terre, cataclysmes violents ; ces agents de destruction sortis des entrailles de la Terre et déchaînés contre l'ordre du monde, c'est-à-dire contre les dieux, ce sont les géants. Il est très remarquable que, si les poètes en ont donné des descriptions effrayantes, s'ils leur ont attribué, pour symboliser leur force, des membres multiples et des têtes horribles dont la bouche énorme vomit des torrents de flammes, les artistes grecs, au contraire, toujours épris des formes réelles, les ont représentés comme des figures purement humaines. On voit, par exemple, dans une peinture de vase très archaïque, le géant Antée renversé par Hercule et cherchant à toucher la terre avec ses mains pour y puiser une nouvelle vigueur : son corps est celui d'un homme admirablement proportionné, mais sa stature est à peu près le double de celle de Minerve qui le frappe de sa lance, ou d'Hercule qui bande contre lui son arc. Et cette taille énorme est elle-même un trait rare et exceptionnel ; les artistes renoncèrent bien vite à cette déformation significative ; de sorte que rien, dans les représentations de l'art antique, ne distinguerait donc les géants des autres hommes, si l'usage ne s'était établi, après la période archaïque, de terminer leurs membres inférieurs par des corps de serpents. Un très beau camée du musée de Naples représente Jupiter écrasant sous les roues de son char des géants anguipèdes déjà terrassés par sa foudre.

Des légendes analogues nous ont été transmises par les historiens de tous les peuples de l'antiquité. Des érudits et des savants se sont occupés à recueillir la plupart des mentions qui sont faites des géants dans l'Ecriture sainte et par les auteurs profanes. Tantôt ces sortes de colosses forment des peuples, des tribus et des groupes ethniques ; tantôt, et c'est le cas le plus fréquent, ils apparaissent dans ces histoires comme des exceptions individuelles. La liste en serait trop nombreuse pour trouver place ici. Il suffira d'indiquer où on la trouverait. Nous renvoyons pour cela au livre de MM. Launois et Roy sur les géants, dont nous aurons à nous occuper prochainement.[1] Nous renvoyons encore à Buffon qui, dans son histoire naturelle de l'homme, cite quelques renseignements puisés dans le Mémoire de Lecat lu, de son temps, à l'Académie de Rouen. Il y rappelle que les Grecs attribuaient au corps d'Oreste une longueur de onze pieds et demi, longueur que Pline consentait à réduire à sept coudées, c'est-à-dire à dix pieds et demi. Il mentionne aussi les squelettes de Secondilla et de Pusio conservés dans les jardins de Salluste et qui n'auraient pas mesuré moins de dix pieds. De notre temps, le professeur G. Taruffi, de Bologne, dans son ouvrage sur le gigantisme, — qu'il appelle macrosomie, — et qui a paru en 1878 à Milan, a rassemblé une infinité de documents qui montrent, à travers l'histoire, cette croyance générale de tous les peuples à l'existence d'ancêtres d'une stature gigantesque dont les générations présentes ne seraient que des rejetons amoindris et dégénérés. Dans cette manière de voir, les géants qui, de loin en loin, se montrent isolément, ne seraient autre chose qu'une répétition accidentelle d'un type disparu, des représentants attardés d'une race éteinte.

Ce préjugé si universel et si bien enraciné s'appuie sur des témoignages si nombreux et si catégoriques qu'ils sont bien faits pour impressionner toute autre critique que la critique scientifique. Et encore n'est-ce qu'à une date relativement récente, que celle-ci s'est trouvée en mesure de les discuter et de les mettre en doute. Il n'est pas inutile de rappeler que l'opinion contemporaine était encore assez hésitante à cet égard, pour que Silberman, en 1859, ait cru devoir soulever devant l'Académie des Sciences la question de savoir si la taille humaine avait varié depuis les temps historiques. Il la résolut négativement. Il affirma que la taille des Égyptiens n'avait pas changé, depuis le temps de la construction des Pyramides. Mais les calculs d'où ce savant déduisait la stature des contemporains du roi Chéops, pour la comparer à celle des hommes d'aujourd'hui, présentaient encore quelque incertitude.

Il n'en est pas de même pour les méthodes de l'anthropométrie nouvelle. Elle n'accorde qu'une confiance limitée aux témoignages des historiens, des géographes ou des voyageurs. Elle ne se fie qu'à

---

1 P. -E. Launois et P. Roy, *Études biologiques sur les géants*, Masson, 1904.

des mesures scientifiques. La taille des populations disparues est obtenue directement par la mensuration de leurs squelettes, ou de quelqu'une des parties de leur squelette dont les relations avec la taille ont été établies par une étude préalable très approfondie. Personne n'a poussé plus loin que M. L. Manouvrier la détermination précise de ces rapports, longtemps méconnus, qui existent entre les diverses parties du squelette. Il a, en quelque sorte codifié, à l'usage des anthropologistes, les règles anciennement esquissées par Orfila et révisées par Topinard et E. Rollet en France, par Humphry et J. Beddoe en Angleterre, par Langer et Toldt en Allemagne. Il a établi une sorte de tableau barème, qui permet de déduire des dimensions du fémur et du tibia la stature véritable. On connaît le degré d'approximation des résultats que fournit le procédé, l'étendue des écarts extrêmes, les causes de ces écarts, les conditions, enfin, qu'il faut observer pour les réduire à la moindre valeur possible. Armée de ces moyens d'investigation, l'anthropologie contemporaine a pu s'attaquer aux préjugés qui ont longtemps régné relativement à la stature gigantesque des lointains ancêtres de l'homme et à la prétendue réduction progressive qu'aurait subie la taille humaine.

Ces erreurs et ces exagérations ont été recueillies, transmises et propagées par les historiens de tous les temps. Quant à l'origine de ces idées, à la première expression qu'elles out reçue, c'est incontestablement dans la Bible qu'il faut la chercher. C'est là, qu'elles ont reçu leur première expression. Les Livres hébraïques font allusion, en plusieurs endroits, à des peuples de géants. Telle, par exemple, la population que les envoyés de Moïse trouvèrent dans la Terre promise. Le commentaire du prophète Amos comparait ces occupants à des chênes pour la force et à des cèdres pour la taille. Et, soit dit en passant, ces images rappellent invinciblement à l'esprit les termes presque pareils dont s'est servi le chantre des *Poèmes barbares* lorsqu'il décrit les hordes des hommes primitifs sortant des sombres bois et des déserts sans fin,

Plus massifs que le cèdre et plus hauts que le pin.

Ailleurs, dans le *Livre des Rois*, c'est l'aventure du géant Goliath à qui l'historien sacré attribue une taille de neuf pieds quatre pouces, équivalant à 3m, 50 ; en un autre endroit encore, dans le *Deutéronome*, il est parlé du lit de fer sur lequel reposait Og, roi de Basan, et qui aurait eu une longueur de neuf coudées.

Tous les Juifs cependant n'avaient pas une foi aveugle dans la précision de ces mesures, et beaucoup se demandaient comment ces races gigantesques et si puissamment constituées avaient pu disparaître. Le prince des docteurs, Esdras, qui commenta les livres canoniques à la fin de la captivité de Babylone et les purgea des erreurs qui s'y étaient glissées, invoque précisément l'abâtardissement progressif de la race. Les générations qui se succèdent se réduisent de plus en plus ; et ainsi, les statures colossales des premiers hommes auraient fait place à des formes toujours plus grêles. C'est cette opinion d'Esdras que l'on retrouve chez tous les peuples et dans toutes les histoires postérieures. Les Grecs ont exprimé le même sentiment d'une décadence physique par rapport à des temps héroïques. Homère et Hésiode se lamentent à propos de cette déchéance. Hérodote, Pausanias et Philostrate en parlent avec la même tristesse, et enfin Plutarque va jusqu'à assimiler les hommes de son temps à des nouveau-nés en comparaison des anciens. Chez les Romains on retrouve les mêmes idées. On se rappelle les vers de Virgile : « Lorsque le laboureur, avec le soc de sa charrue, met au jour les ossements et les armes de ses ancêtres, il est frappé d'étonnement et il admire leur taille gigantesque. »

Grandiaque effossis mirabitur ossa sepulcris. Pline, dans son histoire naturelle, renchérit encore sur cette manière de voir, et il mentionne la découverte, faite dans une montagne de Crète, d'un squelette humain haut de six coudées, c'est-à-dire de plus de 20 mètres.

Les modernes n'ont pas eu d'autres opinions que les anciens sur tous ces points. Les historiens des pays du Nord ont célébré en bien des endroits la taille gigantesque des anciens habitants de la Scandinavie.

Ces croyances au sujet de la stature colossale des premiers hommes et de sa diminution continuelle au cours des temps, semblaient vérifiées par les découvertes d'ossements gigantesques que l'on trouvait dans d'anciens tombeaux. Lecat a fait mention de tombeaux où l'on a trouvé des os de prétendus géants de quinze, vingt, trente et trente-deux pieds de hauteur. A ce moment, les savants n'étaient déjà plus dupes de ces rencontres. On savait enfin, à cette époque, c'est-à-dire dans la seconde moitié du XVIIIe siècle, que ces énormes ossements n'étaient point des os humains et qu'ils appartenaient à de grands animaux. C'étaient, de l'avis de Buffon, des os de cheval ou d'éléphant ; car, ajoute-t-il « il y a eu des temps où l'on enterrait les guerriers avec leur cheval, peut-être avec leur éléphant de guerre. »

Mais, en des temps moins éclairés, ces débris animaux avaient été pris pour ceux de géants immenses, et vénérés comme tels. Ils étaient quelquefois exposés à la porte des cathédrales. D'après Langer, cité par MM. Launois et Roy, on pouvait voir, encore en 1872, sous le porche de la chapelle du château de Cracovie, une exhibition de ce genre composée d'os de mastodonte, d'un crâne de rhinocéros et d'une demi-mâchoire de cétacé.

De toutes ces trouvailles, la plus célèbre, à cause des discussions auxquelles elle a donné lieu, fut celle que firent, en 1613, dans les environs de Romans en Dauphiné, des ouvriers occupés à tirer du sable. Ils mirent au jour, auprès d'une bâtisse de briques, un squelette de 25 pieds de longueur. On prétendit avoir découvert dans le voisinage des médailles à l'effigie de Marius. C'en fut assez pour que l'on supposât que ces ossements appartenaient au géant Teutobochus, roi des Teutons, vaincu par Marius aux environs d'Aix en l'an 102 avant Jésus-Christ et mort bientôt après. Jean Riolan, médecin et anatomiste habile, traita d'erreur et d'imposture cette attribution inacceptable. D'autres, comme Guillemeau, chirurgien du roi, et Nicolas Habicot, la défendirent. Il en résulta une polémique fertile en incidents et qui dura cinq années. La légende, déjà invraisemblable au temps de Buffon, ne disparut cependant pas entièrement. Elle ne fut définitivement dissipée que le jour où de Blainville, au mois de mai 1835, déclara à l'Académie des sciences que les prétendus ossements de Teutobochus étaient ceux d'un mastodonte identique à ceux que l'on avait trouvés dans l'Ohio.

Section II

A défaut de véritables populations géantes, c'est-à-dire dont la taille dépasse d'une quantité notable les plus hautes tailles habituelles et en est séparée par une sorte d'hiatus, les explorateurs modernes ont fait connaître deux races d'une stature très élevée sans être excessive. On les a appelés des « pseudo-géants. » Ces deux groupes, qui représentent les types de plus haute taille qui vivent sur le globe, sont les Patagons de l'Amérique et les Polynésiens.

Le cas des Patagons est particulièrement intéressant. C'est Magellan qui les aperçut, pour la première fois, en 1519, dans le détroit qui a gardé son nom, entre la Terre de Feu et le continent américain. Pendant l'hivernage de cinq mois qu'ils durent faire dans ces régions qu'ils croyaient inhabitées, les Espagnols reçurent un jour la visite d'un naturel, sans doute venu d'assez loin, gai, vigoureux, confiant, et qui n'hésita pas à se rendre à bord. Il est dit dans la relation du voyage que la taille de ce sauvage était si haute, que la tête d'un homme de taille moyenne de l'équipage ne lui allait qu'à la ceinture. Il était gros à proportion. Sa force était considérable et son appétit en rapport avec sa taille. Ayant été bien traité, il amena bientôt d'autres de ses compagnons, bâtis comme lui-même. Magellan leur donna le nom de Patagons.

Si l'on devait prendre les termes de cette description dans leur sens rigoureux, il faudrait admettre, pour ce Patagon, une taille d'environ 8 pieds et demi. Ailleurs, il est vrai, l'auteur du récit n'accorde plus à ces indigènes qu'une stature de 7 pieds 6 pouces, c'est-à-dire de près de 2 mètres et demi. Rien n'est plus instructif à connaître que la variété des appréciations dont cette taille a été l'objet de la part des voyageurs qui les ont vus. Magellan leur donnait 7 pieds et demi ; le commodore Byron 7 pieds, le Hollandais Scbald de Noort 10 à 11 pieds. D'autre part, Commerson, compagnon de voyage de M. de Bougainville et du prince de Nassau, ne leur attribue plus qu'une taille un peu au-dessus de la taille ordinaire de nos pays, c'est-à-dire communément de 5 pieds 8 pouces à 6 pieds. Aucun ne passait 6 pieds 4 pouces. Il y a bien loin de là au gigantisme, comme le fait observer l'auteur de cette relation, et il s'élève très vivement contre les fables et les mensonges qui ont été débités à propos de ces prétendus Titans. Il a pleinement raison. Les Patagons sont des hommes de grande taille ; ce ne sont point des géants. Topinard qui, il y a une quarantaine d'années, a mesuré les ossements d'un assez grand nombre d'entre eux, leur assigne une taille de 1m, 78.

Les anthropologistes, assez généralement, admettent la distribution des races ou des peuples en quatre groupes d'après la valeur de la taille moyenne. Le premier est le groupe des « tailles hautes, » qui va des Anglais (lm, 703) aux Tehuelches de Patagonie (1m, 781), en passant par les Ecossais (1m, 710), les Scandinaves (1m, 713), les nègres de Guinée (1m, 724) et les Polynésiens (1m, 762). — Un second groupe comprend les « tailles au-dessus de la moyenne » (1m, 65 à 1m, 70). Les Français (lm, 650) occupent le premier échelon de cette série qui comprend les Russes (1m, 660), les Allemands (1m, 677), les Belges (1m, 684) et les Irlandais (1m, 697). — Le troisième groupe serait formé par « les tailles dites au-dessous de la moyenne, » de 1m, 65 à 1m, 60, en descendant : on peut y classer les Hindous (1m, 642), les Chinois (1m, 63), les Italiens du Midi et les Péruviens. Enfin, les « tailles petites » sont celles qui sont inférieures à 1m, 60. Les Malais, les Lapons font partie de ce groupe.

Les Patagons sont donc seulement des hommes de « haute taille. » Ils tiennent « le record » de la stature, qui leur est disputé, toutefois, par une population des bords du Haut-Nil, les Dinkas, et, à un plus grand intervalle, par les Polynésiens, les Scandinaves et puis les Ecossais. — Au résumé,, il n'existe donc point actuellement de géants rassemblés en corps de population ou en groupes ethnologiques. Il n'en apparaît qu'à l'état d'exemplaires isolés, individuels et accidentels. Et puisque les médecins assimilent maintenant le gigantisme à une maladie, nous pouvons, en empruntant dès à présent leur langage, dire que cette maladie n'est nulle part endémique, qu'elle se montre seulement un peu partout à l'état sporadique, sous l'influence de conditions qui restent à déterminer.

Tel est l'état des choses, dans le temps présent, en ce qui concerne le gigantisme. Mais il ne s'agit pas du présent. C'est le passé qui est embarrassant ; c'est le passé qui est en question.

Section III

C'est, en effet, comme on l'a vu, dans le passé, dans le plus lointain passé, que la tradition a placé l'origine du gigantisme, qui aurait depuis lors subi une dégradation progressive. Cette thèse a été adoptée par quelques écrivains plus ou moins qualifiés. Certains d'entre eux, comme Henrion en 1718, se sont même hasardés à donner un tableau exprimant en chiffres positifs la série des dégradations de la stature humaine dans la suite des temps, depuis celle d'Adam estimée à 123 pieds, c'est-à-dire à 40 mètres, celle d'Abraham de 27 pieds ou 9 mètres, celle d'Hercule, de 10 pieds ou 3 mètres environ, jusqu'à Alexandre le Grand, dont la taille aurait atteint 6 pieds, c'est-à-dire près de 2 mètres, et César, haut de 5 pieds, c'est-à-dire de 1m, 62.

Ce sont là des supputations absolument puériles et fantaisistes et qui ne méritent pas examen. Il n'en est pas moins vrai que c'est la tâche de l'anthropométrie d'essayer d'évaluer la taille de l'homme aux différentes époques de l'histoire, de la préhistoire et des temps géologiques. Il faut pour cela qu'elle dispose d'une méthode assez sûre pour calculer, d'après les squelettes ou les fragments de squelettes incomplets qui ont été découverts dans les dépôts tertiaires ou quaternaires, ou qui ont été recueillis dans les sépultures de la période historique, la taille véritable du sujet vivant. C'est l'établissement de cette méthode de mensuration qui a préoccupé depuis de longues années M. L. Manouvrier, et qui constitue l'un de ses meilleurs titres scientifiques. Le travail fondamental qu'il a publié sur ce sujet remonte à l'année 1892. — Plus récemment, en 1902, le même savant lui t a donné une sorte de couronnement dans une étude « sur les rapports anthropométriques et sur les principales proportions du corps. » Ce Mémoire est d'un très grand intérêt pour l'histoire naturelle en général. Certaines parties, en outre, sont bien dignes de fixer l'attention des artistes, des peintres et des sculpteurs, dont les canons classiques, peut-être un peu factices, doivent se soumettre au contrôle de la science de l'homme naturel.

Quels ont été les résultats de ces recherches ? On peut les indiquer d'un mot. Elles ont prouvé que la taille de l'homme n'avait subi aucune variation systématique importante pendant les centaines de mille ans qui se sont écoulés à partir de sa première apparition. Autant qu'il est permis d'en juger d'après les rares épaves que les fouilles ont mises au jour, la stature de l'homme n'a pas éprouvé de changement appréciable. L'homme civilisé est, à cet égard, tel qu'était l'homme primitif.

La considération des animaux a conduit à des conclusions du même genre. La taille des animaux d'une espèce ou d'une variété déterminée ne se modifie point en général ; ou, si elle se modifie, c'est pour des raisons qui n'ont aucun caractère d'évolution chronologique. Geoffroy Saint-Hilaire se fondait précisément sur ce que la taille d'une espèce domestique est identique à celle de l'espèce sauvage, pour admettre que la stature de l'homme n'avait pas dû changer depuis les temps géologiques.

Section IV

Le plus lointain ancêtre de l'homme paraît être le fameux *pithecanthropus erectus*. — On se rappelle que c'est dans le courant des années 1891 et 1892, qu'un médecin de l'armée hollandaise, Eugène Dubois, découvrit près de Trinil, dans l'île de Java, quelques ossements énigmatiques dont les caractères étaient intermédiaires entre ceux de l'homme et ceux des singes anthropoïdes. Il y avait là, dans un gisement, incontestablement de l'époque tertiaire, un crâne complet, un fémur et deux dents molaires.

Si rudimentaires que fussent ces restes, ils permettaient cependant d'assigner à l'être dont ils provenaient sa place et son rang dans la hiérarchie animale ; — et cette place est intermédiaire entre le singe anthropoïde, le gibbon, et l'homme même. Le fémur, dont la forme indique l'adaptation à la stature debout, trahit l'homme ; le crâne, dont la capacité est à la fois trop petite pour l'homme ; mais un peu grande pour le singe, révèle un anthropoïde supérieur. Ces restes énigmatiques présentaient un degré de fossilisation qui était en rapport avec leur antiquité, et qui permettait de les manier sans risques. Ils ont été promenés dans toute l'Europe et présentés à l'examen de tous les anatomistes compétents : Krause, Waldeyer, Virchow, Luschan, Nehring, en Allemagne ; Milne Edwards, E. Perrier, Filhol, en France ; Cuningham et Turner, en Angleterre. A Berlin, les savants mirent en relief les raisons pour lesquelles l'anthropopithecus ne pouvait pas être un homme ; à Londres, on montra qu'il ne pouvait pas être un singe. Et ainsi fut rendue inévitable pour les transformistes la conclusion que cet être qui n'était ni un homme, ni un singe, devait être à la fois l'un et l'autre ; qu'il formait la transition du singe à l'homme, l'anneau manquant le « messing link » de la chaîne qui relie l'espèce humaine à l'animalité. E. Dubois assignait à l'anthropopithèque une taille de 1m, 70. M. Manouvrier a réduit cette estimation. La mesure du fémur permet d'attribuer à ce précurseur, à ce premier ancêtre de l'homme, une stature de 1m, 65 environ, qui est la stature moyenne des Européens.

Après l'homme tertiaire, ainsi passé à la toise par M. Manouvrier, il fallait s'attaquer à l'homme quaternaire. La tâche de reconstituer de la même façon la taille de l'homme quaternaire est incombée à M. Rahon.[1] Le plus ancien des exemplaires de cette époque est le squelette de Neanderthal. Ces ossements furent trouvés, en 1857, dans une caverne calcaire de Neanderthal, entre Dusseldorf et Elberfeld. Les premières mesures, exécutées par le professeur Schaafhausen, montrèrent que les proportions relatives des membres étaient celles d'un Européen de taille moyenne, ou un peu au-dessous de la moyenne. Le chiffre de Schaafhausen était de 1m, 601 : le nombre de Rahon est 1m, 613, qui se confond presque avec le précédent.

Il serait oiseux d'entrer dans le détail des mensurations analogues exécutées sur tous les ossements humains de l'époque quaternaire, dont MM. L. Manouvrier et Rahon ont pu avoir entre les mains les originaux ou les moulages. Ils ont évalué à 1m, 610 la taille de l'homme de Spy, et à 1m, 720 celle de l'homme trouvé dans le lehm de Lahr. Celui-ci, comme on le voit, appartenait au groupe des hommes de haute taille. — Le troglodyte de Chancelade, trouvé dans des couches plus récentes du terrain quaternaire, était haut de 1m, 612 ; l'homme écrasé de Laugerie de 1m, 669. La moyenne pour ces cinq cas est de 1m, 652.

Ce chiffre donne une idée médiocre de la stature de nos lointains ancêtres, contemporains de l'ours des cavernes, et qui chassaient le mammouth et le rhinocéros aux narines cloisonnées. Ils ne ressemblaient en rien à ces colosses créés par l'imagination

---

1 Il est utile d'indiquer que les nombres que nous donnons ici sont ceux du « sujet en chair » et non du squelette. Ils expriment la taille du cadavre, supposé étendu et couché sur le sol. L'homme debout et vivant mesurerait 2 centimètres de moins.

populaire, et que les poètes nous dépeignent « plus massifs que le cèdre et plus hauts que le pin. » Pas davantage ils n'étaient « plus forts que le chêne. » Ils vivaient plus ou moins misérablement. Déjà industrieux, ils se fabriquaient des instruments en pierre taillée par éclats. C'était le début de la période quaternaire, l'âge paléolithique ou de la pierre taillée. La durée dut en être considérable, si l'on en doit juger par tous les changements du climat et du régime des eaux qui se succédèrent.

Section V

L'âge suivant est celui de la pierre polie, l'âge néolithique. La durée en a été fort longue également. Elle a suffi pour couvrir l'Europe de monuments mégalithiques et de grottes funéraires. C'est le temps où l'industrie de la taille du silex, perfectionnée successivement, aboutit à la fabrication d'ustensiles variés, d'instruments de pêche, d'armes de chasse ou de guerre, qui ont perdu le caractère grossier de l'époque précédente. Il y a là un tournant de la préhistoire marqué par l'invention du polissage du silex.

Les ossements de cette époque néolithique ont été soumis à la même patiente investigation et aux mêmes mensurations que les précédents. MM. Rahon et Manouvrier ont déterminé la taille de ces populations néolithiques. Les documents étaient, ici, beaucoup plus nombreux. Le nombre des squelettes recueillis est considérable. Les déterminations ont porté sur 429 hommes et 189 femmes. La stature moyenne est de 1m, 645 pour les premiers : celle des femmes était de 1m, 526. Mais dans cet ensemble il y avait des séries de haute taille et de petite taille, comme dans les populations actuelles.

Il suffit de citer quelques exemples. L'homme de la Madeleine, station voisine des Eyzies, dans la Dordogne, mesurait 1m, 86. Les ossements des Eyzies appartiennent à des types plus grands, encore. Christy et Lartet ont exhumé autrefois de la grotte de Cro-Magnon, dans cette région, trois squelettes bien conservés, qui ont donné lieu à des observations extrêmement intéressantes pour l'anthropologie. Les squelettes appartenaient à un vieillard, à un adulte et à une femme. Ces sujets ont servi de types pour l'établissement d'une race devenue célèbre sous le nom de race de Cro-Magnon. A la simple inspection des os, on reconnaît des êtres robustes et de haute taille. Broca déclarait leur stature très nettement supérieure à la nôtre ; mais aucun squelette n'ayant pu être reconstitué en entier, il lui fut impossible de faire une mesure directe et de fournir un chiffre précis. Aussi est-ce avec un peu d'hésitation qu'il avança comme chiffre probable celui de 1m, 80.

Broca n'avait pas, en effet, la ressource de recourir aux tableaux de reconstruction qui permettent maintenant de déduire, avec une approximation connue, la taille totale de la seule mesure d'un os comme le fémur. Il existait bien des tableaux de ce genre fournis par les médecins légistes, mais ils ne lui inspiraient point confiance, parce que les rapports des longueurs de ces articles du squelette avaient été établis d'après le canon parisien ou lyonnais, c'est-à-dire pour des types de structure de notre race. Or on sait que les proportions des diverses parties du corps ne sont pas les mêmes dans toutes les races de notre époque : les canons qui les expriment sont différents de l'une à l'autre ; à plus forte raison, pouvaient-ils être différents pour les races préhistoriques. De plus, dans une race comme la nôtre, il y a deux types distincts, représentés par les sujets qui, pour un même buste, ont les jambes longues (macroskélie des anthropologistes), et ceux qui ont les jambes courtes (microskélie). Il semble *a priori* que toutes ces difficultés dussent interdire l'espoir d'établir un rapport plus ou moins fixe entre la mesure d'un segment de membre et celle du corps tout entier. Mais ce sont précisément ces difficultés que les méthodes anthropométriques sont faites pour écarter ; et nous avons dit que celle de M. Manouvrier y avait réussi.

Quoi qu'il en soit, Broca était arrivé, par certaines considérations inutiles à rappeler ici, à fixer à 1m, 80 la taille du vieillard de Cro-Magnon. D'autres observateurs l'avaient estimée à 1m, 78 et Topinard était allé jusqu'à 1m, 90, chiffre tout à fait exceptionnel et sans exemple jusqu'ici pour l'homme préhistorique. MM. Rahon et Manouvrier ramenèrent cette stature à un taux plus modeste : ils la fixent à 1m, 736. Celle de la femme est de 1m, 658, et celle de l'adulte est de 1m, 667. Ce sont là des chiffres assez élevés encore et certainement supérieurs à la moyenne des habitants de notre pays. La race de Cro-Magnon était de haute taille.

La stature de l'homme de Menton était encore plus élevée. Il s'agit du squelette découvert par M. Rivière dans le terrain quaternaire néolithique de Menton. Les cavernes qui existent dans les escarpements rouges qui surmontent la voie ferrée de Menton à Vintimille, ont fourni des ossements assez nombreux et, en dernier lieu, ceux d'un enfant, d'une femme et d'un homme. La fragilité de ces ossements ne permet pas de les manipuler et en rend la mesure délicate. Les tableaux de reconstitution de M. Manouvrier donnent pour la taille de l'homme le chiffre de 1m, 752. M. Rivière lui avait attribué 1m, 95 à 2 mètres. Il est clair que, si l'on devait considérer l'homme de Menton comme le type moyen des hommes de son temps, cette race aurait été supérieure, comme taille, à celle qui habite aujourd'hui le même pays : il faudrait la comparer à celles des Scandinaves ou des Ecossais, c'est-à-dire aux plus grandes de celles qui vivent dans l'Europe actuelle. Mais il y a beaucoup de raisons de penser que cet homme de Menton appartenait à la série des hautes tailles parmi les hommes de sa race.

On retombe ensuite sur des races inférieures à la nôtre. L'homme de Bolwillier mesurait 1m, 60 ; celui de la grotte sépulcrale de l'Homme Mort, en Lozère, avait 1m, 62 ; celui de Géménos, 1m, 67 ; celui de la grotte du Rousson, dans le Gard, 1m, 63. L'homme de la grotte d'Orrouy, dans l'Oise, qui représentait une population vigoureuse, mesurait 1m, 64.

Mais il serait fastidieux de prolonger cette énumération. Toutes les cavernes, toutes les grottes qui ont livré des ossements humains à la curiosité des anthropologistes, toutes les cryptes sépulcrales, les sépultures préhistoriques, les dolmens de Belgique et de Quiberon, ceux de la Lozère et de l'Indre, les caveaux funéraires dolméniques pareils à ceux de Crécy-en-Vexin, les allées couvertes comme celle des Mureaux, les tourbières de la Somme et les dolmens d'Algérie, toutes ces sépultures préhistoriques ont vu leurs ossements mesurés. Ces mensurations, qui portent sur plus de quatre cents sujets masculins (exactement 429), permettent d'attribuer à nos ancêtres de la période néolithique une stature, rectifiée, qui est sensiblement inférieure à celle des Français d'aujourd'hui (1m, 645 au lieu de 1m, 650). Il n'est donc pas vrai de prétendre que nous ayons subi une dégénérescence évolutive : il n'est pas exact que les hommes primitifs aient eu aucune supériorité sur nous, au point de vue de la stature.

Section VI

L'examen des temps historiques, au point de vue particulier qui nous occupe, n'offre presque plus d'intérêt maintenant. On devine que les mensurations de la taille ne fourniront point de résultats différens de ceux qui viennent d'être exposés. La stature des hommes de notre race, qui n'a pas varié au cours de milliers de siècles, pendant lesquels se sont produites d'extraordinaires vicissitudes, n'a pu subir de variations bien sensibles au cours de quelques centaines d'années pendant lesquelles ses conditions d'existence n'ont subi que des changements insignifiants en comparaison de ceux des périodes précédentes. C'est, en effet, la conclusion qui se dégage des recherches exécutées par MM. Rahon et Manouvrier sur les ossements de diverses époques.

Ils ont placé dans un premier groupe les ossements qui méritent le nom de proto-historiques, parce qu'ils appartiennent en effet à une époque dont la date n'est pas numériquement fixée, ou dont il ne reste pas de documents. Il y a, par exemple, dans les galeries du Muséum d'histoire naturelle, une collection d'ossements qui ont été recueillis par M. de Morgan dans les dolmens du Caucase, près de Koban. Ils proviennent d'hommes qui vivaient dans ces contrées à une époque indécise, qui correspond au premier âge du fer. Ce sont eux qui ont construit les monuments mégalithiques de Roknia et du Caucase où l'on retrouve leurs restes. La stature de cette population n'est pas sensiblement au-dessus de celle des habitants actuels du pays : les hommes atteignaient en moyenne 1m, 673 et les femmes 1m, 564. Or, d'après Schortt, le chiffre moyen de la taille des indigènes du Caucase est de 1m, 650. C'est aussi une stature moyenne sensiblement voisine de la nôtre. En ce qui concerne la France, l'examen des squelettes trouvés dans les cimetières gaulois et gallo-romains de Vert-la-Gravelle, de Jonchery et de Mont-Berny a révélé des tailles de 1m, 66 chez les hommes, et de 1m, 55 chez les femmes. Les populations franques inhumées dans les sépultures de la Marne avaient une stature de 1m, 67 ; celles du cimetière de Ramasse, dans l'Ain, que M. de

Mortillet a considérées comme des Burgondes, mesuraient 1m, 666 pour les hommes, et 1m, 538 pour les femmes. La stature moyenne de ces populations, qui, à l'époque gallo-romaine, occupaient le sol de la France, était un peu supérieure à la nôtre ; mais elle l'était beaucoup moins qu'on n'aurait pu s'y attendre, d'après ce que disent les historiens. C'est toujours la même conclusion qui revient, avec la régularité d'un refrain après chaque couplet d'une chanson : invariabilité presque absolue de la stature dans la période proto-historique, comme dans l'âge précédent.

Les dernières recherches de M. Rahon sont relatives à la population parisienne, examinée entre le IVe et le XIe siècle. Le cimetière Saint-Marcel, a fourni un dernier abri à des hommes du Ve et du VIe siècle : le cimetière de Saint-Germain-des-Prés avait servi de lieu de sépulture à une population plus récente qui vivait, selon toute vraisemblance, au Xe et au XIe siècle. La comparaison et la mensuration des ossements provenant de ces deux nécropoles, ont montré que les tailles moyennes, masculine et féminine, sont absolument identiques dans les deux cas. A Saint-Marcel, comme à Saint-Germain-des-Prés, elles sont de 1m, 677 pour les hommes, et de 1m, 575 pour les femmes. Ce résultat donne matière à deux observations. La première c'est que, dans ce laps de six siècles, la stature moyenne des Parisiens s'est maintenue avec une fixité remarquable. La seconde observation est relative à la comparaison avec le temps présent. Il y a presque 1 centimètre (7 millimètres) de différence, au profit des Parisiens du moyen âge. C'est à la fois très peu de chose et beaucoup. Cette majoration s'explique parce que les ossements qui ont été mis de côté, gardés dans les collections et finalement soumis à la mensuration, étaient les mieux conservés, les plus solides et ceux, par conséquent, qui, ayant mieux résisté aux causes de destruction, prouvaient, par cela même, qu'ils avaient appartenu à des sujets choisis. Une circonstance de ce genre est bien suffisante pour expliquer ce léger écart de quelques millimètres.

On peut admettre comme un résultat d'expérience très général, — et c'est en effet celui qui ressort de tout ce que nous avons dit jusqu'ici, — que lorsqu'une population ou lorsqu'une race sont suffisamment homogènes, qu'elles ne sont pas trop mêlées à d'autres races très différentes, la stature moyenne reste fixe, si elle est obtenue d'un nombre suffisant de mensurations. Elle est, au cours des temps, un trait invariable : elle fournit un renseignement signalétique de haute valeur. L'amélioration des conditions d'existence, qui paraît agir pour accroître la stature, ne contribue à ce résultat que d'une manière indirecte. Elle ne fait qu'éliminer de la moyenne un plus grand nombre de cas exceptionnels, qui l'abaissent d'une manière factice. Elle exclut de la confrontation, des sujets que la misère physiologique, ou les maladies survenues pendant la période de croissance, ont empêchés d'atteindre leur développement harmonique et de donner leur pleine mesure.

Il importe de dire, toutefois, que les résultats annoncés, il y a déjà quelques années, par MM. Manouvrier et Rahon, ont soulevé certaines objections. Il est visible, du premier coup d'œil, que toutes leurs mensurations abaissent d'une manière systématique les valeurs généralement admises pour les statures humaines. Dans beaucoup de cas, leurs mesures précises contredisent, non seulement l'opinion commune, mais les mesures approximatives ou les affirmations des historiens. L'objection a été faite devant la Société d'anthropologie. A. Hovelacque s'étonnait, en particulier, du chiffre très bas qui, d'après M. Rahon, exprimait la stature des Burgondes de Ramasse. Tous les auteurs anciens sont d'accord pour déclarer que les Burgondes, population teutonique originaire de la Germanie septentrionale, entre l'Oder et la Vistule, étaient des hommes de grande taille. Les mensurations de M. Rahon n'en faisaient que des hommes un peu supérieurs à la moyenne (1,666). Si l'attribution de M. de Mortillet est exacte, si les hommes inhumés à Ramasse étaient bien des Burgondes, et si la série des squelettes examinés est vraiment suffisante pour établir la moyenne, on voit la conséquence : la contradiction est flagrante entre l'anthropologie, d'une part, et les témoignages historiques, d'autre part.

M. Manouvrier a répondu à cette objection. Il a déclaré que cette contradiction ne l'impressionnait pas. La détermination de la taille d'après la mensuration des os longs est une opération assez précise pour permettre de contrôler les assertions des historiens et des géographes. Les historiens, même les plus précis, Hérodote, César et Strabon, ont pu exagérer la taille des populations dont ils parlent. Ce qui est advenu aux navigateurs et aux explorateurs du XVIIIe siècle, à propos des Patagons, dont la taille a été évaluée par les uns à 6 pieds et par les autres à 7 et demi ou plus, tous parlant d'individus qu'ils ont vus, est bien fait pour nous mettre en garde contre les surprises de l'œil et mieux encore contre celles de l'imagination.

D'ailleurs les chiffres fournis à propos de ces Burgondes de la Bresse, en font encore une race d'assez haute taille. Leur stature est encore de 16 millimètres, c'est-à-dire de près de 2 centimètres, supérieure à la taille moyenne du Français de notre temps. Or, une différence de ce genre n'est pas négligeable. Elle impressionne l'œil d'une façon très satisfaisante. Elle répond à la différence des jugements que nous portons, lorsque nous disons d'un homme qu'il est moyen ou qu'il est grand. Et, par exemple, nous disons des Sardes qu'ils sont petits, et des Belges qu'ils sont grands, alors que la moyenne de stature des uns et des autres ne diffère de la nôtre que de deux centimètres en plus ou en moins.

La conclusion générale des études que nous avons brièvement résumées ne peut être que la répétition de la conclusion de chacune d'elles. — Les ossements de l'homme primitif, de l'homme préhistorique et, enfin, de l'homme historique, interrogés, ont répondu que sa stature n'avait pas éprouvé de changements appréciables au cours des temps. Ils n'ont point montré de traces d'une dégénérescence évolutive. Hommes d'aujourd'hui, nous ne sommes pas une postérité amoindrie, et nous pouvons repousser l'injure du poète, « que nous sommes des nains à côté de nos pères. »

ISBN : 978-1984050205